DE L'INFLUENCE

DE LA

RESPIRATION SUR LA SANTÉ

ET LA

VIGUEUR DE L'HOMME.

DE L'INFLUENCE

DE LA

RESPIRATION SUR LA SANTÉ

ET LA

VIGUEUR DE L'HOMME,

Et des moyens de favoriser le développement des organes de
cette fonction.

DISCOURS DE RÉCEPTION

PRONONCÉ EN SÉANCE PUBLIQUE,

*Devant l'Académie royale des Sciences,
Belles-Lettres et Arts de Lyon,*

Le 31 Mai 1842,

Par Ch. Pravaz.

LYON,
IMPRIMERIE DE BARRET,
PLACE DES TERREAUX, 20.

1842.

DE L'INFLUENCE

DE LA

RESPIRATION SUR LA SANTÉ

ET LA

VIGUEUR DE L'HOMME.

—————

MESSIEURS ,

L'Académie en m'honorant de ses suffrages m'a imposé une obligation dont je sens aujourd'hui tout le poids. Pour me rassurer sur mon insuffisance à la remplir, j'ai besoin de penser que le sujet de ce discours emprunté à cette vaste science médicale qui tient à toutes les connaissances humaines , est en lui-même d'un intérêt assez général et assez positif pour se passer du prestige d'une élocution brillante et fleurie.

Je me hasarderai donc , Messieurs, à traiter devant vous une question d'hygiène et d'éducation physique à laquelle on a donné jusqu'ici assez peu d'attention malgré son importance réelle.

Le soin de traiter les maladies *actuelles* qui compromettent immédiatement la vie doit être exclusivement réservé aux hommes de l'art, et la *médecine sans le médecin* n'est qu'une dangereuse chimère ; mais il est des notions relatives au developpement régulier de l'organisme chez l'homme et à la conservation de sa santé, qui non-seulement peuvent être répandues sans inconvénient, mais qu'il serait encore désirable de voir se propager dans toutes les classes de la société. Cette diffusion des connaissances les plus utiles au bien-être réel de l'humanité aurait une autre portée que la prédication de vaines théories sociales sans application possible.

L'hygiène publique a sans doute suivi jusqu'à un certain point les progrès de la civilisation; l'extension de la vie moyenne depuis un siècle, et l'accroissement de la population démontrent assez que les causes de mortalité ont été sensiblement réduites dans leur nombre et dans leur gravité; mais il ne résulte pas de ce fait que la race humaine soit devenue plus robuste et qu'elle ait acquis une plus grande aptitude physique à remplir sa destination, dans son passage sur cette terre ; il est au contraire démontré par toutes les observations statistiques qu'elle a dégénéré en même temps qu'elle se multipliait.

Si les progrès de la science médicale et en particulier la découverte de la vaccine ont concouru à rendre moins périlleuses les premières années de la vie et à conserver ainsi un plus grand nombre d'enfants, on ne peut se dissimuler que les mêmes causes, en supprimant ou restreignant cette sorte de *départ* que la nature tend à exécuter dans le premier âge de la vie entre les sujets faibles et les sujets robustes, n'aient multiplié la proportion des premiers parmi la population adulte (1). L'économie politique transcendante qui ne regarde pas le nombre comme le seul facteur essentiel de la puissance des nations et qui place avant lui l'énergie physique et morale des hommes, peut déplorer ce résultat, mais la religion et la philanthropie doivent s'en applaudir.

Toutefois, de l'heureuse réduction apportée aux anciens chiffres de la mortalité par les progrès de la science, il naît pour les médecins et pour les gouvernements une obligation nouvelle, le devoir de rechercher les moyens d'atténuer les conséquences qui résultent pour l'espèce humaine, considérée relativement à son type et à sa vigueur physique, des influences diverses que tendent à exercer sur elle l'extension des arts industriels d'une part, et de l'autre, la multiplication des individus nativement débiles, soustraits

(1) Non-seulement la variole éliminait en général la portion la plus débile de la population, mais il est encore probable qu'elle n'était pas sans influence quant au perfectionnement de la constitution chez les sujets qui avaient résisté à son atteinte. La dépuration qu'elle produisait dans les fluides de l'économie n'a pas été niée par les promoteurs les plus ardents de la vaccine ; car ils allèguent en faveur de celle-ci une action analogue, moins sujette à des éventualités périlleuses, mais, par compensation, moins étendue. Ainsi, en accordant qu'au point de vue individuel et humanitaire l'inoculation jennerienne a été un bienfait de l'art, on a pu sans paradoxe contester ses avantages sous le rapport de l'intérêt politique le plus élevé, celui de la puissance nationale.

à une mort prématurée par la prophilaxie moderne, et par les soins mieux entendus de l'art. Sous le premier rapport, la législation a tenté récemment quelques efforts en soumettant à certaines limites de durée le travail des enfants dans les manufactures ; elle agirait plus utilement encore en ressuscitant quelques-unes de ces institutions hygiéniques et gymnastiques dont l'antiquité avait senti le besoin pour former des citoyens robustes et propres à la défense de la patrie (1). Malheureusement les changements apportés dans l'art de la guerre, changements qui ont diminué l'importance de la force physique pour le succès des batailles, ont aussi depuis long-temps rendu les chefs des nations assez indifférents à la conservation de la vigueur et de la beauté de la race humaine.

L'étendue de l'influence que nous pouvons exercer sur la forme et la force des animaux, en développant à volonté tel ou tel de leurs organes, a été souvent un sujet de surprise et d'admiration ; il n'est pas douteux qu'en suivant les mêmes principes dans la culture des facultés physiques de l'homme, la médecine ne puisse obtenir des résultats sinon semblables, au

(1) Des jeux publics où l'exercice de la lutte, de la course, et surtout de la natation, seraient encouragés par des prix et des distinctions honorifiques devraient être institués dans toutes les localités favorables, afin de régénérer notre population militaire, qui va déclinant chaque année, en taille, en force et en santé, ainsi que le prouve la difficulté croissante du recrutement des corps d'élite de l'armée. Cette institution aurait une utilité moins contestable que celle des courses de l'hypodrome et des méthodes d'entraînement pour l'amélioration de la race chevaline.

moins très-satisfaisants (1); mais séparée de l'autorité publique à laquelle elle était en quelque sorte associée dans la personne des plus grands législateurs de l'antiquité, elle a bien peu de chances aujourd'hui d'agir avec quelque efficacité sur les masses, et l'utilité de son intervention se réduit à peu près à modifier quelques-unes des habitudes des classes aisées de la population, en dissipant leurs préjugés, en les ramenant à l'observance des lois les plus essentielles de l'hygiène.

Énoncer, même sommairement, tous les préceptes que cette indication générale renferme, serait une œuvre trop vaste qui dépasserait de beaucoup les limites d'une lecture académique; je me bornerai donc à l'examen rapide des causes qui nuisent le plus à l'exercice normal de la plus importante des fonctions de l'économie, de cette assimilation incessante du fluide où nous sommes plongés, et sans laquelle tout ce qui a reçu la vie, animaux ou végétaux, périt fatalement avec plus ou moins de promptitude.

La respiration et la formation du sang qui en est le but peuvent être viciées, soit par une altération du fluide respiré, soit par l'insuffisance de l'organe respirateur ; j'examinerai successivement l'une et l'autre cause, en insistant particulièrement sur la dernière qui ne me paraît pas avoir été étudiée avec tout le soin qu'elle mérite.

(1) Il y a un art de former les corps aussi bien que les esprits. Cet art, que notre nonchalance nous a fait perdre, était bien connu des anciens, et l'Égypte l'avait trouvé. Elle employait principalement à ce beau dessein la frugalité et les exercices.

Bossuet.

Les altérations de l'air qui le rendent impropre à entretenir la vie des animaux sont de diverse nature et de degré variable ; leur influence respective n'a pas été appréciée avec une égale exactitude dans toutes les circonstances. Ainsi les expériences *eudiométriques* nous apprennent bien jusqu'à quel point la proportion de l'oxigène dans l'air qui a servi à la respiration et à la combustion peut être abaissée sans amener la mort immédiate des êtres vivants qui s'y trouvent plongés, nous savons aussi quelle quantité d'acide carbonique ou d'oxide de carbone l'air peut contenir sans devenir instantanément mortel pour les animaux, mais en deçà de ces limites extrêmes nous ne possédons aucune notion rigoureuse sur l'influence qu'une diminution légère de l'oxigène et un faible accroissement des gaz impropres à la respiration, peuvent exercer à la longue sur la santé de l'homme.

Cependant les dernières recherches de la science paraissent devoir jeter quelque lumière sur ce point obscur de physiologie. En effet, les procédés d'analyse de M. Dumas, qui ont fixé à 0,208 la proportion d'oxigène contenu dans l'air atmosphérique des continents, ont fait voir en même temps qu'en pleine mer l'atmosphère contenait une quantité sensiblement moins grande de ce gaz. Or, ce fait qui confirme l'action qu'exerce la végétation sur le maintien de la composition normale de l'air nous donne peut-être l'élément le plus essentiel de l'une des ma-

ladies qui sévissent sur les navigateurs dans les voyages de long cours.

Plusieurs causes ont été assignées au développement du scorbut; mais, comme l'a remarqué le savant
Fodéré, nulle d'entre elles n'est véritablement spécifique et univoque ; ainsi l'usage prolongé des viandes
salées et fumées, la privation de végétaux frais,
l'entassement des hommes dans les entreponts , dis-
posent sans doute à cette maladie; mais il ne manque
pas d'exemples d'équipages atteints de scorbut, bien
qu'ils fussent pourvus d'aliments salubres et placés
dans d'autres conditions hygiéniques favorables.

La prédominance des alcalis et surtout de l'ammo-
niaque dans le sang des scorbutiques, la facilité avec
laquelle ils se rétablissent par l'usage des acides végétaux , et surtout en respirant l'air de la terre lorsque leur état de dépérissement n'est pas trop avancé,
indiquent avec beaucoup de probabilité que l'essence
de cette maladie consiste dans un défaut d'oxigénation des fluides récrémentitiels , ainsi que Raimann
l'avait déjà supposé. La faible diminution d'un cin-
quantième dans la proportion de l'oxigène que con-
tient l'atmosphère des mers, serait sans doute insuf-
fisante à produire un pareil effet sur l'économie, mais
deux circonstances du régime diététique des gens de
mer donnent à cette cause une puissance qu'elle
acquiert rarement à terre : ce sont l'usage presque
exclusif des substances alimentaires tirées du règne
animal , et l'abus fréquent des liqueurs alcooliques.

On sait en effet, comme je le dirai bientôt, qu'un pareil régime exige une plus grande consommation du principe vivifiant de l'atmosphère.

Ce n'est point en général par une diminution notable de la quantité d'oxigène, que l'air de nos demeures devient plus ou moins insalubre. La respiration de l'homme n'exigeant en vingt-quatre heures que 18 mètres cubes d'air non respiré, il est rare que ce volume ne soit départi à chacun, soit par les dimensions mêmes des habitations, soit par le renouvellement partiel de leur atmosphère qu'elles ne renferment jamais d'une manière hermétique; mais les perspirations pulmonaires et cutanées versant des vapeurs animales capables de saturer 266 mètres cubes d'air par jour et pour chaque individu, on voit que la salubrité de ce fluide ne peut être appréciée par la seule considération d'un certain rapport entre ses éléments constitutifs, et qu'une cause d'altération beaucoup plus grave que l'absorption de l'oxigène réside dans la putrescence des vapeurs qui émanent de l'homme et des animaux. On espérerait en vain remédier au méphitisme qui résulte de la décomposition de ces effluves en étendant au-delà des proportions ordinaires les dimensions des lieux habités par de nombreux individus, comme les hôpitaux, les prisons, les casernes, les salles d'étude et les dortoirs des maisons d'éducation; on sera convaincu de l'insuffisance de ce moyen en considérant que la respiration et les émanations vaporeuses d'un seul homme peuvent vicier en un jour l'atmosphère renfermée dans une chambre carrée de vingt-cinq pieds de côté, sur douze pieds de hauteur. Ce n'est donc que par un bon système de ventilation qu'il est possible de fournir à l'organisme, dans nos demeures toujours relativement étroites, l'énorme quantité d'air suffisamment pur qui est nécessaire pour entretenir la santé de l'homme.

L'importance d'un appel continu de l'atmosphère extérieure n'a été bien sentie que pour les ateliers des arts insalubres, et pour les lieux de réunions nombreuses comme les théâtres, les salles de nos assemblées politiques, parce que le méphitisme y parvient promptement à un degré d'intensité qui blesse nos sens et détermine des symptômes prononcés de malaise ; on leur a donc appliqué des appareils ingénieux qui entretiennent l'afflux continuel d'un air pur et maintenu, suivant les saisons, à une température convenable.

Quant aux habitations privées, l'hygiène, loin d'avoir fait de semblables progrès, a au contraire rétrogradé depuis qu'un luxe mal entendu s'est propagé et a multiplié ses rafinements pour la satisfaction d'une vanité puérile. Nous avons à la vérité des salons spacieux et splendides, mais nos chambres à coucher, pour la plupart étroites, hermétiquement closes, et placées dans les parties les plus obscures de la maison, ne ressemblent guère à celles de nos pères. Si celles-ci manquaient d'élégance et de cette recherche d'ameublement à laquelle nous attachons tant de prix , elles recevaient du moins par leurs ouvertures mal calfeutrées, par leurs vastes cheminées qui provoquent notre sourire, des torrents de ce fluide qui a été appelé avec raison *l'aliment de la vie*.

Les personnes étrangères aux notions physiologiques pourraient seules considérer comme exagérée l'opinion qui place l'inspiration habituelle d'un air plus ou moins imprégné d'émanations animales, tel que celui qui règne dans des appartements trop soigneusement clos, parmi les causes qui nuisent le plus à la vigueur des habitants des villes ; pour les hommes de l'art, l'expérience leur a appris dès long-temps que la santé est plus fréquemment altérée par des influences de cette nature , d'une intensité très-faible , mais constante , que par des accidents brusques et appréciables à nos sens. Qu'est-ce en effet que cet état de l'organisme que l'on a désigné sous le nom de *constitution médicale* , sinon le résultat complexe de causes atmosphériques et diététiques inaperçues , qui ont modifié lentement les fluides de l'économie ?

L'action d'un air impur est de l'ordre de ces causes toxiques insidieuses , qui minent sourdement la constitution surtout chez les jeunes sujets, pour lesquels la formation d'un sang riche en principes réparateurs est d'autant plus nécessaire que la nutrition doit suffire non-seulement à l'entretien des organes , mais encore à leur accroissement rapide.

On ne saurait donc trop insister sur l'emploi de tous les moyens propres à entretenir le renouvellement constant de l'atmosphère , spécialement dans les lieux habités par des réunions nombreuses d'enfants et d'adolescents , tels que les dortoirs des maisons d'éducation, où le méphitisme développé pendant la nuit a plus d'une fois déterminé de graves épidémies de fièvre typhoïde. Des foyers d'appel analogues à ceux indiqués par M. D'Arcet devraient y être disposés pour suppléer à l'exiguïté de leurs dimensions toujours inférieures aux exigences les plus restreintes d'une aération convenable (1).

(1) L'insuffisance , quant à la salubrité de l'air , des dimensions ordinaires données aux lieux habités , pendant la nuit , par des réunions nombreuses d'hommes , s'est manifestée depuis quelques années par la fréquence des affections typhoïdes , dont nos jeunes soldats ont été atteints. J'ai signalé la suppression des cheminées dans les chambres des casernes de construction nouvelle, comme une des causes les plus actives de l'excès de mortalité qui a frappé l'armée , particulièrement à Lyon. Certes ! l'espace et l'air n'étaient pas répartis autrefois dans les casernes avec plus de libéralité qu'aujourd'hui ; mais les foyers , entretenus pendant le jour pour la préparation des aliments , exerçaient un appel énergique de l'air extérieur, appel qui était maintenu la nuit par l'échauffement des parois des larges conduits de la fumée. En transportant , par des motifs mal entendus de propreté et d'économie , la cuisine de chaque ordinaire dans un local commun et isolé , on a supprimé un moyen puissant de ventilation qui pouvait seul prévenir l'action des miasmes qui s'échappent non-seulement du corps des hommes, mais encore de leurs hardes , trop rarement renouvelées pour qu'elles ne soient pas imprégnées d'émanations facilement putrescibles.

Je n'hésite donc point à proposer , pour la salubrité des casernes , le retour aux anciens usages économiques , de même que je conseille , pour celle des dortoirs des maisons d'éducation , l'établissement de soupiraux en gaine convenablement disposés , où l'aspiration de l'air serait entretenue par une lampe à esprit de vin , de grande dimension.

Le génie industriel de notre temps, éclairé sur ses véritables intérêts, n'a pas hésité à les adopter pour l'éducation et la conservation de l'insecte précieux qui fournit la matière première des riches tissus dont s'enorgueillit cette grande cité ; pourquoi la philanthropie montrerait-elle moins de lumières ou de zèle lorsqu'il s'agit de ce que l'homme devrait avoir de plus cher, la santé et le bonheur de sa postérité ?

L'Académie de Lyon, en proposant pour sujet de l'un des prix qu'elle décerne annuellement, l'indication des meilleures dispositions à prendre pour la salubrité des habitations privées, a montré à la fois l'importance qu'elle attache à cette partie essentielle de l'hygiène, et son opinion sur ce qu'elle laisse à désirer dans cette grande ville ; espérons que son appel sera entendu des savants et des administrateurs éclairés qui peuvent seconder son zèle pour le bien public.

La pureté de l'air n'est pas la seule condition d'une respiration propre à donner au sang ses qualités nutritives ; la quantité de cet air introduite dans le poumon, à chaque mouvement d'inspiration, est un autre élément non moins essentiel à la santé, et sans lequel la vie reste languissante.

Les zoologistes ont observé depuis long-temps que le développement de la chaleur naturelle, le degré de force musculaire, de finesse des sens et de puissance digestive, sont toujours proportionnels chez les animaux vertébrés, à la quantité respective de leur respiration ; il ne suffit donc pas d'une alimentation abondante et choisie pour donner à l'organisme toute sa vigueur, si une complète oxigénation du sang veineux ne concourt à l'élaboration des substances alibiles. J'insiste d'autant plus sur ce point, que des méprises fréquentes sont commises à cet égard dans le genre d'alimentation prescrit aux enfants délicats, disposés au rachitisme et aux scrofules.

On croit généralement que l'usage presque exclusif des substances animales est une des conditions les plus importantes à remplir pour relever leurs forces et modifier leur mauvaise constitution ; mais ce régime diététique va presque toujours directement contre le but qu'on se propose, lorsque le poumon ne fonctionne pas avec une suffisante énergie (1) ; il surcharge l'économie d'éléments qui résistent à l'assimilation, et il favorise ainsi la formation de tubercules qui se déposent surtout dans les organes où le cours du sang éprouve un ralentissement.

Lors même que le dégoût instinctif des enfants pour les viandes dont on les sature ne nous avertirait point que ce régime exclusif leur est contraire, des

The assimilation of the chyle, or nutritious element of our food, is completed during its circulation through the lungs, and by being brought into contact with the atmospheric air in the process of respiration. It is therefore, quite evident, that when respiration is imperfectly performed, from a defective action of the respiratory organs, perfect assimilation cannot by effected.

CLARKE on *Consumption and scrofula.*

2

expériences directes établissent qu'une nourriture purement animale exige , pour être élaborée convenablement , une respiration plus étendue ; ainsi , la quantité d'oxigène atmosphérique , consommée par les animaux soumis à la nourriture azotée , est , suivant MM. Yvart et Lassaigne , d'un cinquième plus considérable que celle qui a lieu sous l'influence d'aliments non azotés (1).

On voit donc que la digestion et la respiration sont en quelque sorte solidaires l'une de l'autre, et que, si la première amène à l'organisme ce qui doit jouer le rôle de base , il est indispensable que la seconde opère la transformation de cette base par oxidation. Un défaut d'harmonie entre ces deux opérations de chimie organique produit le même résultat, soit que la base ou l'aliment pèche en quantité ou en qualité , soit que l'élément modificateur, l'oxigène, n'arrive pas en assez grande abondance sur le sang veineux pour le convertir en sang artériel.

Ainsi les diverses maladies lymphatiques sévissent sur les jeunes sujets des classes pauvres ,

(1) Avant que l'on eût trouvé le moyen de renouveler incessamment , par le jeu de pompes foulantes , l'air comprimé dans la cloche à plongeur, Spalding , ingénieur anglais , à qui on doit quelques-uns des premiers perfectionnements apportés à cet appareil , avait observé qu'en s'abstenant de viandes et de liqueurs alcooliques, il pouvait prolonger plus long-temps ses travaux sous-marins. Une diète purement végétale diminuait pour lui la consommation de l'oxigène dans le volume limité d'air où il respirait. Il n'en périt pas moins , victime de la négligence des hommes qui étaient chargés de le retirer du fond de la mer , et qui l'y oublièrent au-delà du temps que comportait la capacité de la cloche.

principalement par le défaut d'une bonne alimentation , et elles se développent dans les classes aisées,
par l'impuissance d'élaborer la nourriture la plus
substantielle , impuissance qui elle-même résulte
assez souvent d'une respiration incomplète.

La médecine hygiénique doit rechercher , d'une
part, les causes qui nuisent à l'évolution naturelle du
poumon , et étudier , de l'autre , les moyens de favoriser ce développement.

Plusieurs circonstances peuvent influer sur le défaut d'un rapport convenable entre la capacité de la
poitrine et l'ensemble de l'organisme : la première
est sans contredit l'hérédité.

Rien de mieux établi par l'observation que la res-
semblance fréquente des enfants avec leurs parents,
sinon dans les traits de la physionomie, au moins
dans les dispositions organiques. La transmission des
maladies s'explique de cette manière , et le perfectionnement des races, chez les animaux , n'a pas de
plus solides fondements.

Une mère dont le thorax manque d'amplitude ,
transmettra donc assez souvent à sa fille une conformation semblable ; on conçoit dès lors comment certaines habitudes de la civilisation , telles que l'usage
de vêtements étroits , et en particulier des corps ba-
leinés , que la mode conserve malgré les conseils de
la médecine, ont pu changer à la longue les dimensions naturelles de la cavité pulmonaire dans les
classes supérieures et moyennes de la société. C'est

parmi elles en effet que l'on rencontre le plus ordinairement ces poitrines étroites , ces épaules proci-
dentes , indice fatal d'une disposition prochaine à
la consomption pulmonaire.

Il est une cause accidentelle , à peine soupçonnée,
qui , dans les grandes villes comme Lyon , envelop·
pées pendant une partie de l'année d'une atmosphère
humide et froide s'oppose assez souvent au développement du thorax , et amène sa déformation. Cette
cause est l'étroitesse des voies respiratoires, produite ,
soit par le gonflement des amygdales , soit par la tu-
méfaction de la membrane muqueuse des fosses na-
sales dans le coryza ou enchifrènement habituel.

Le professeur Dupuytren , et , plus récemment ,
M. Mason Waren de Philadelphie , ont pratiqué la
résection des amygdales pour remédier à la dépres-
sion sternale produite par l'engorgement chronique de
ces glandes. Quant au coryza habituel dont ils n'ont
pas mentionné l'influence sur la conformation de la
poitrine , on ne peut lui opposer qu'un moyen préservatif de quelque efficacité : c'est l'usage de vêtements de flanelle, portés immédiatement sur la peau.
Malheureusement, ce conseil trouve une fréquente
opposition dans le préjugé assez répandu qui fait
croire qu'habitués à ces tissus chauds et moelleux ,
les enfants sont condamnés désormais à ne plus les
quitter. Le médecin ne doit pas s'arrêter à cette ob-
jection qui est sans valeur ; car , en supprimant une
des causes qui peuvent nuire à l'évolution naturelle

de l'organe essentiel de la sanguification , on est assuré de préparer à l'enfant une source puissante de chaleur naturelle qui le fera résister avec énergie aux influences atmosphériques.

La raison la plus commune semble nous avertir que l'éducation physique devrait être dirigée vers le but de corriger les dispositions organiques congénitales ou acquises qui viennent d'être mentionnées , pour en prévenir les fâcheux effets sur la constitution; cependant, loin qu'il en soit ainsi , presque toutes les habitudes auxquelles on essaie de ployer les jeunes sujets des deux sexes , et en particulier les jeunes filles , ont une tendance directe à les aggraver , ou même à les produire.

Le désir immodéré de hâter le développement de l'intelligence fait oublier trop souvent aux instituteurs de la jeunesse le juste rapport qui doit être conservé entre l'exercice des facultés du corps et la culture de celles de l'esprit. Il résulte de là un allanguissement général des premières, par cause d'inertie, et faiblesse consécutive des secondes , par excès d'excitation.

Il y aurait beaucoup d'observations à faire sur les inconvénients immédiats d'une tension continue et exagérée du cerveau chez les jeunes sujets ; il serait facile de démontrer que la concentration de l'activité vitale sur cet organe l'expose à des maladies mortelles. On pourrait faire voir encore, contre l'opinion de quelques idéologues , que le perfectionnement du sens moral est loin d'être proportionnel à celui de l'intellect, et que la culture exclusive de celui-ci nuit presque toujours au premier ; mais je bornerai mes remarques sur les abus du système d'éducation le plus ordinairement suivi à l'arrêt de développement qu'amènent fréquemment, dans les organes de la respiration , le défaut d'exercices variés, et les attitudes fixes trop long-temps soutenues, exigées soit par les travaux de l'aiguille , soit par l'action d'écrire, de dessiner ou de jouer de certains instruments de musique.

On sait que l'action musculaire consiste essentiellement dans des alternatives de contraction et de relâchement des fibres charnues , alternatives qui supposent la nécessité physiologique d'intervalles de repos assez fréquents pour la réparation de l'influx nerveux promptement épuisé. Le maintien du corps dans une position fixe est donc toujours le résultat d'efforts qui ne sauraient être continués long-temps sans une extrême fatigue ; et les divers modes de station , lorsqu'ils se prolongent , amènent toujours , dans la forme et la direction de l'épine , des changements propres à soulager les puissances musculaires, en faisant concourir la résistance des ligaments au maintien de l'équilibre.

C'est ainsi que les jeunes sujets , assis sans appui sur des tabourets plus ou moins élevés , s'inclinent, soit directement en avant , soit latéralement , à droite ou à gauche. L'une et l'autre attitude ont une influence fâcheuse sur la conformation de la poitrine , lorsqu'elles ont quelque continuité. L'inclinaison antéro - postérieure redresse les arcs costaux tend à donner au thorax la forme carénée de celui des oiseaux , et réduit sa capacité. L'inclinaison latérale , plus grave encore , imprime à l'épine un mouvement de torsion sur elle-même , qui courbe les côtes en arrière , à droite , soulève l'omoplate correspondante , et détermine assez souvent une gibbosité choquante. L'irrégularité du contour de la poitrine , produite par cette seconde cause, diminue , comme dans le premier cas , l'espace occupé par les poumons.

Le goût , plus universellement répandu , des arts d'agrément a beaucoup multiplié depuis vingt-cinq ans , les déviations de cette nature chez les jeunes personnes du sexe. L'étude du piano , qui est devenu l'instrument à la mode , exerce surtout une influence fâcheuse sur le développement régulier d'un grand nombre d'entre elles , par l'assiduité qu'il est nécessaire d'y apporter pour acquérir un talent même médiocre (1).

(1) La symétrie que le jeu de cet instrument suppose dans l'attitude du corps et dans les mouvements des bras fait illusion sur les inconvénients qu'il présente ; on oublie que cette symétrie ne peut être conservée au-delà de quelques minutes , et que , lorsque les muscles qui maintiennent la rectitude du tronc sont fatigués, la colonne vertébrale doit s'incliner latéralement pour appeler la résistance des ligaments au secours des puissances contractiles. Cette inclinaison ayant surtout lieu dans la région lombaire , et dérangeant peu le niveau des épaules , n'appelle que tardivement l'attention , et, lorsqu'on la découvre , une déformation notable s'est déjà opérée dans la taille, et exige l'intervention de l'art pour arrêter ses progrès.

Si les médecins étaient plus souvent consultés sur l'éducation physique des jeunes sujets, ils interdiraient donc la musique instrumentale à ceux d'une constitution faible et délicate, et ne la permettraient aux plus robustes qu'avec des précautions propres à en prévenir les inconvénients.

L'utilité des indications de la science ne se borne pas à nous faire éviter les circonstances capables d'entraver la tendance de la nature vers le perfectionnement de ses œuvres ; elle s'étend bien au-delà, puisque l'étude des lois physiologiques nous apprend qu'il est possible de rétablir, jusqu'à un certain point, l'harmonie altérée des éléments de l'organisme, et même de faire prédominer quelques-uns de ces éléments sur les autres.

C'est ainsi que la répétition de certains actes mécaniques ou fonctionnels donne aux organes de la locomotion et à ceux des sens une puissance inaccoutumée ; à cet égard, les organes de la respiration ne diffèrent pas des muscles et des autres parties des corps animés ; ils sont destinés comme eux à être mis dans une activité proportionnelle à la fonction qu'ils doivent remplir ; comme eux, ils s'affaiblissent ou se fortifient par l'exercice.

Les poumons peuvent être exercés, soit indirecte-

L'attitude inclinée latéralement que prennent en écrivant beaucoup de jeunes personnes, et l'habitude de se tenir sur un seul pied dans la station debout, produisent des effets semblables à ceux qui viennent d'être indiqués, lorsqu'un accroissement rapide coïncide avec la continuité ou la simple fréquence de ces positions vicieuses.

ment par les efforts musculaires qui exigent une respiration plus accélérée et plus profonde, soit directement par l'émission plus ou moins énergique de la voix.

Il est utile d'associer ces deux ordres de moyens dont l'efficacité se mesure au degré d'expansion qu'ils produisent dans la capacité thoracique. L'habitude de parler ou de lire à haute voix a suffi plus d'une fois pour faire disparaître des dispositions imminentes aux maladies les plus graves de la poitrine.

L'illustre Cuvier, menacé dans sa jeunesse de consomption pulmonaire, déclarait devoir son rétablissement à l'exercice du professorat.

D'autres valétudinaires ont été préservés de la même maladie par de longs voyages entrepris dans des contrées montueuses, où l'exercice de la marche, et peut-être la raréfaction de l'air exigent des efforts d'inspiration plus fréquents et plus grands, propres à amener la dilatation permanente de la cavité pectorale.

Quelle que soit la cause qui a produit l'arrêt de développement des organes de la respiration, il importe d'en prévenir les effets sur la composition des fluides de l'économie, dès le premier âge de la vie ; on aura d'autant plus de chances de parvenir à un heureux résultat, qu'on aura entrepris plutôt ce qu'on peut appeler *l'éducation du poumon*. Cette pratique hygiénique doit surtout être recommandée pour les jeunes personnes du sexe, qu'une vie moins active et moins extérieure dispose davantage aux affections lymphatiques et à l'étroitesse de la cavité pulmonaire.

L'avantage douteux de leur procurer quelques talents frivoles peut-il être mis en balance avec le devoir de leur préparer une constitution robuste, de les préserver des déformations auxquelles leur faiblesse musculaire, la précocité de leur développement les exposent, et enfin de les soustraire à la consomption pulmonaire qui moissonne tant de jeunes filles vers l'époque de la puberté ?

La gymnastique dirigée par les lumières de la médecine nous offre une ressource puissante pour développer la poitrine et les membres supérieurs dont la *gracilité* et le défaut de proportion avec le reste du corps ne choquent pas moins l'idée véritable de la beauté qu'elles ne sont incompatibles avec une santé robuste.

C'est sans doute en étendant ainsi le champ de l'hématose, et activant le mouvement de rénovation organique, que la gymnastique s'est montrée si efficace contre les affections lympathiques et nerveuses qui sont le fléau de l'enfance et de la jeunesse dans les grandes cités. Un instant éveillée sur ces avantages, l'opinion a semblé favoriser la renaissance d'une pratique qui fut la base de l'éducation physique chez les peuples les plus civilisés de l'antiquité, mais bientôt elle est retombée dans sa première indifférence à cet égard. Il est vrai qu'introduite dans un assez grand nombre d'établissements d'éducation pour satisfaire à un caprice éphémère de la mode, plutôt que par conviction de son utilité, la gymnastique n'a pas donné les résultats que promettaient les notions physiologiques ; c'est que mal dirigée, pratiquée sans suite et sans mesure, elle a été presque toujours une tâche pénible pour les jeunes sujets, au lieu de constituer un ensemble d'exercices attrayants, aussi propres à stimuler les facultés intellectuelles qu'à développer les forces physiques. Ce n'est cependant qu'à l'aide d'un déploiement méthodique des puissances musculaires dirigé particulièrement vers le but d'agrandir le champ de la respiration et de perfectionner ainsi la constitution des fluides de l'économie, qu'on peut espérer d'arrêter la dégénération de l'espèce humaine, dégénération qui frappe surtout les classes de la société vivant dans un état d'inertie physique, ou livrées à la pratique des arts sédentaires dans des ateliers mal aérés.

Des différents exercices qui peuvent être recommandés pour accroître la puissance musculaire, favoriser et régulariser le développement des formes du corps, je n'examinerai que celui de la natation, parce qu'il peut suppléer tous les autres avec cet avantage d'être, nécessairement et sans calcul, dirigé dans le sens le plus favorable au perfectionnement de l'organisme. On sait que cet exercice fut en grande estime chez les nations les plus belliqueuses de l'antiquité, qui le considéraient comme très-propre à augmenter la force physique et morale des hommes ; telle était l'importance qu'on y attachait chez les Romains, que pour désigner l'ignorance et l'impéritie, on disait proverbialement d'un individu inepte, *il ne sait ni lire ni nager*. A ne considérer d'abord que la coordination de forces et la succession de mouvements déterminées par l'action de nager, on conçoit sans peine comment l'habitude de s'y livrer peut affermir ou rétablir la régularité des formes. En effet, si le corps, plongé dans un fluide qui ne le soutient qu'en partie, présente une conformation parfaitement symétrique, il doit pour se maintenir en équilibre sur son plan antérieur faire agir avec une intensité rigoureusement égale, les muscles qui, s'attachant au tronc, mettent en mouvement les membres supérieurs et inférieurs dont l'extension et la flexion alternatives s'opposent à l'effort de la gravité, et déterminent la progression directe en avant. De cette égalité d'action des puissances congénères résulte l'affermissement de la symétrie des formes homologues du corps.

Si au contraire il existe un vice de conformation qui donne plus de volume à l'une des parties latérales du torse, l'instinct de l'équilibre oblige le nageur à des contractions plus énergiques des muscles correspondant au côté dont la surface d'immersion présente moins d'étendue, afin de conserver dans l'eau une pronation exacte, et cet excès de contraction tend à rétablir la régularité altérée des parties similaires.

Mais là ne se borne pas l'influence des efforts que l'homme fait pour se maintenir à la surface d'un liquide dont la pesanteur spécifique est inférieure à la sienne. Pour augmenter le volume d'eau qu'il déplace et surnager avec plus de facilité, il dilate sa poitrine par des inspirations profondes. La répétition de cet artifice hydrostatique finit par accroître la capacité pulmonaire d'une manière permanente. On voit que sans aucune sorte d'attention, le nageur est instinctivement déterminé aux combinaisons statiques et dynamiques les plus propres à développer régulièrement l'ensemble de ses organes, et à donner plus spécialement à celui de la respiration cette ampleur qui est la condition essentielle d'une constitution saine et robuste. Un bon système d'éducation physique devrait donc comprendre l'étude de la natation, non-seulement pour les sujets du sexe masculin qu'elle peut soustraire à plus d'un danger immédiat dans le cours de leur vie, mais encore pour les jeunes filles, dont elle affermirait le système nerveux si impressionable, en même temps qu'elle accroîtrait chez elles le champ de la respiration que toutes les habitudes de leur existence sédentaire tendent à restreindre dans des limites si étroites.

Il serait digne d'une administration éclairée et vouée au bien public de rendre plus facile et plus étendue l'application d'un moyen si puissant de corroboration, sanctionné par l'expérience de tous les siècles, en favorisant l'établissement d'écoles de natation appropriées aux différentes classes de la société, où les jeunes sujets des deux sexes pourraient être exercés séparément, avec sûreté et décence, à l'art de nager. Une pareille institution hygiénique, fondée dans des conditions convenables avec une partie du luxe qui se déploie ailleurs si inutilement, ferait non-seulement les délices du jeune âge, pour lequel le bain frais, quand il se concilie avec la liberté des mouvements, a un si vif attrait, mais encore elle modifierait promptement une foule de constitutions débiles que toutes les ressources de la pharmaceutique sont impuissantes à restaurer (1).

La transformation du sang veineux en sang artériel qui est le principe essentiel d'une bonne nutrition peut être activée par une expansion plus grande des cellules pulmonaires ou par une accélération dans les mouvements respiratoires; la gymnas-

(1) Si le projet d'amener à la hauteur du réservoir du Jardin-des-Plantes les eaux réunies des sources de Roye et de Neuville se réalisait, l'établissement d'une machine à vapeur en ce point, pour le service de la zone supérieure, ferait naître la possibilité de créer à peu de frais, dans ce quartier central, une école de natation qui pourrait être fréquentée pendant la plus grande partie de l'année.

L'eau de condensation, fournie par une machine à basse pression de la force de vingt chevaux, mêlée avec une quantité égale d'eau froide à 12 degrés, suffirait pour remplir chaque jour un bassin de 60 mètres de longueur sur 12 mètres de largeur, et 1^m, 5 de profondeur moyenne.

La température du mélange varierait, suivant les saisons, de 28 à 30 degrés centigrades. Il est présumable qu'en limitant le prix de la leçon de natation à 1 fr. 50 c., l'affluence des baigneurs serait assez considérable pour donner à cette entreprise d'intérêt public autant que de spéculation industrielle, des bénéfices qui couvriraient amplement les frais du combustible nécessaire au service de la machine à feu.

lique agit sur la sanguification par ces deux modes à la fois ; mais il est des cas où elle ne peut être conseillée, à cause du jeune âge des sujets, de leur faiblesse extrême ou d'un état formel de maladie , et dans lesquels cependant l'indication essentielle consiste à rendre l'oxigénation du sang plus complète et plus rapide. L'art a trouvé récemment dans un procédé emprunté à la physique le moyen de satisfaire à cette condition thérapeutique, sans effort de la part des malades.

On avait observé dès long-temps qu'une diminution notable de la pression atmosphérique influait très-sensiblement sur l'exercice des fonctions de la vie chez la plupart des êtres organisés ; ainsi, on ne trouve sur les hautes montagnes où l'air est très-raréfié qu'une végétation chétive qui finit même par disparaître au-delà de certaines limites ; l'homme et les animaux y éprouvent un sentiment de faiblesse extrême , ils y sont exposés à des hémorragies, des vomissements et des défaillances.

On a reconnu plus récemment que des phénomènes inverses se produisent dans les milieux où l'air est soumis à une pression qui surpasse plus ou moins celle d'une colonne de mercure de $0^m,76$. La respiration et la circulation s'y ralentissent, parce qu'une plus grande quantité d'oxigène se trouve sous le même volume en contact avec le sang veineux. Un sentiment de bien-être et de force inaccoutumé se manifeste chez l'homme et les animaux, les végétaux contractiles tels que la sensitive y ferment leurs folioles par suroxidation.

Quelques-uns de ces effets qui avaient été pressentis et observés par M. Junod, ont été vérifiés récemment sur une grande échelle par M. Triger.

Cet habile ingénieur qui est parvenu à empêcher l'infiltration des eaux de la Loire dans les mines de houille de la Touraine, en les refoulant au moyen de l'air comprimé, a constaté que sous une pression de deux atmosphères la combustion était fortement activée, et que les ouvriers occupés aux travaux les plus pénibles les supportaient avec beaucoup moins de fatigue qu'à l'air libre.

De l'observation des phénomènes physiologiques produits par l'air condensé à la pensée de faire une application médicale de ce moyen de corroboration, l'induction était naturelle; elle a été soumise au contrôle de l'expérience à Paris, à Lyon et à Montpellier, et les résultats obtenus, conformes aux prévisions de la théorie, ont fait voir tout le parti que l'on peut tirer du bain pneumatique pour le perfectionnement de l'hématose (1). Il n'est pas de mon sujet de rapporter ici avec détail les succès de cette médication

(1) L'influence que la respiration d'un air plus ou moins condensé exerce sur la composition du sang se manifeste avec une promptitude qui rappelle les expériences de Bichat, lorsqu'il faisait noircir ou rougir presque instantanément le sang des artères, en interceptant ou rétablissant la communication de l'air extérieur avec les cellules pulmonaires. Ainsi, on a vu des ulcères scrofuleux d'une apparence violacée, prendre une coloration rosée et marcher vers la cicatrisation immédiatement après l'emploi de quelques bains d'air comprimé à un quart d'atmosphère. Des

dans des cas de paralysie, de chlorose, d'hystérie, d'asthme nerveux, de laringyte chronique et de surdité catarrhale ; on les trouve consignés pour la plupart dans les comptes-rendus de l'Académie des sciences de Paris, je me bornerai à indiquer l'influence qu'elle exerce sur les jeunes sujets qui, par un vice de conformation ou un arrêt de développement des organes de la respiration, offrent une prédominance marquée du système lymphatique, et sont affectés de cet état particulier d'inappétence qui leur fait repousser le régime diététique animal, dont l'indication paraît si formelle pour relever leurs forces.

Telle est la relation qui existe entre les fonctions digestives et la respiration, qu'à peine a-t-on donné à celle-ci une extension plus grande, aussitôt les premières prennent un surcroît d'activité extraordinaire.

On a donc vu des enfants ou des adolescents qui végétaient péniblement dans un état d'émaciation et

épistaxis, des hémorragies utérines ou pulmonaires, entretenues par un état cachectique du sang, étaient supprimées avec la même rapidité. Ces faits servent de confirmation aux expériences et à l'opinion de MM. Andral et Gavarret qui attribuent à un défaut de fibrine la disposition du sang à s'échapper à travers les parois des vaisseaux.

Les succès obtenus par M. Tabarié, dans le traitement des fièvres intermittentes, en employant le bain d'air comprimé, semblent prouver aussi que ce moyen possède la propriété d'accroître le nombre des globules qui sont en moindre proportion dans ce genre de maladies.

Du reste, puisque l'oxigénation complète du sang veineux est la condition la plus essentielle de la perfection de l'hématose, on pouvait prévoir *à priori*, qu'un accroissement de la densité du fluide respiré devait concourir puissamment à rétablir le rapport normal des divers éléments du sang.

*

de langueur par défaut de capacité pulmonaire , recouvrer, après quelques séances dans l'appareil à air comprimé , un appétit très-vif , et assimiler avec facilité les viandes substantielles pour lesquelles ils avaient naguère une répugnance invincible.

Cet effet produit sur la nutrition par une respiration *artificielle* plus complète, n'est point limité à la durée du traitement pneumatique, il offre une condition de permanence dans l'expansion thoracique qu'amène progressivement la réaction de l'instinct pour prolonger hors de l'appareil , à l'aide d'inspirations profondes , le sentiment de bien-être éprouvé dans un milieu plus dense (1).

Il est facile de pressentir que l'agrandissement de la cavité pectorale , déterminé par l'exercice direct ou indirect du poumon doit être en raison inverse de l'âge des sujets ; car , les expériences de Godwin , Seguin et Lavoisier , répétées par M. Bourgery , établissent que le rapport des volumes d'air absorbés pendant une inspiration forte et une inspiration ordinaire varie de 8 à 3 entre l'adolescence et la vieillesse.

Les personnes adultes du sexe se rapprochent des

(1) La possibilité d'accroître la capacité des organes de la respiration , en les mettant dans des conditions d'activité plus grande , peut se déduire de quelques observations de physiologie comparée. On sait qu'il est des animaux , comme le protée , pourvus , à la fois, de branchies libres pour respirer dans l'eau, et de poumons pour respirer dans l'air ; or , si on les tient dans une petite quantité de liquide ne contenant pas assez d'air pour l'hématose , on les oblige à respirer davantage par leurs poumons. Ceux-ci , d'abord peu développés , acquièrent bientôt assez d'amplitude pour suffire sans le secours des branchies, pendant un temps beaucoup plus long , à l'acte de la sanguification.

enfants, quant au degré d'aptitude à développer la
capacité de leur poitrine, soit à cause de la flexibi-
lité des ligaments articulaires des côtes ; soit parce
que celles-ci ont été davantage inclinées les unes sur
les autres par l'usage de vêtements plus serrés.

Cette expansibilité est une circonstance des plus
heureuses dans le traitement préservatif de la phthisie,
traitement dont l'indication essentielle formulée en
Angleterre par deux praticiens éminents, les doc-
teurs Clarke et Combes, et en France par M. Stein-
brenner, consiste à donner à la respiration et par suite
à la sanguification le champ le plus étendu (1).

Je terminerai cette lecture, que je n'ai pas eu le
talent de rendre plus concise, bien qu'elle effleure à
peine un si vaste sujet, en résumant ainsi les points
essentiels que j'ai cherché à établir.

1° La civilisation par ses abus, la médecine par

(1) Si les affections tuberculeuses reconnaissent pour cause le vice de
l'un des *procédés* de la rénovation organique, celui de *décomposition*,
ainsi que tendent à le prouver les expériences récentes de M. Foucault,
les déformations du système osseux, soit des membres, soit de l'épine,
sont, pour la plupart, produites par le défaut du procédé inverse, celui
de *composition*. Ce n'est que par suite d'une vue étroite et anti-philosophique
qu'on a pu proposer de leur appliquer exclusivement l'action des machines
ou l'instrument tranchant ; l'indication fondamentale, essentielle, qui *prime*
toute intervention de la mécanique, est de donner à la nutrition une activité
capable de seconder la tendance que la nature affecte, au moins dans le
jeune âge, vers le retour au type normal.

En élevant à son plus haut degré de puissance la fonction respiratoire,
régulatrice suprême de l'assimilation *récorporative*, on a les chances les
plus certaines d'atteindre ce résultat. C'est parce qu'il possède cette propriété, que le bain d'air comprimé mérite d'être placé au même rang
que la gymnastique dans la pratique de l'orthopédie.

ses progrès ont concouru à multiplier parmi les populations modernes le nombre des sujets débiles disposés à toutes les maladies que l'on a désignées sous le nom de *scrofules*, de *rachitisme*, d'*affection tuberculeuse*.

2° Pour concourir à arrêter cette dégénération de l'espèce humaine, qui a sa source principale dans un vice de la formation du sang, l'hygiène nous indique deux moyens puissants, l'aération plus parfaite de nos demeures, et le développement systématique des organes de la respiration.

3° La première indication peut être remplie à l'aide de quelques-uns des procédés de ventilation que l'industrie a introduits dans ses ateliers ; la gymnastique rationnelle conduit au second résultat par l'exercice méthodique des puissances musculaires.

4° La respiration de l'air condensé dans des appareils hermétiquement clos a été associée avec avantage à la gymnastique pour dilater le thorax ; elle doit lui être préférée lorsqu'il y a urgence d'obtenir une oxigénation plus rapide et plus complète du sang veineux.

L'attention de plusieurs chimistes et micrographes distingués s'est portée dans ces derniers temps sur la constitution du sang à l'état normal, et sur les modifications qu'il éprouve dans différentes maladies. Les recherches de MM. Lecanu, Denis, Magendie, Andral, Gavaret, Dubois d'Amiens, Donné, etc., ont fait voir que l'observation médicale ne devait pas se borner à l'examen des altérations physiques et mécaniques dont l'économie animale pouvait être affectée, mais que l'étude complète de l'homme malade embrassait de plus la connaissance des changements chimiques de la composition intime des organes, et, en particulier, du fluide où ils puisent leurs éléments. Sans doute, la pathologie humorale n'a pas été conduite à sa perfection par ces travaux, et la connaissance de la quantité relative de fibrine, d'albumine, de globules ou de sels que le sang peut contenir dans des circonstances variées, ne suffit pas à nous éclairer sur toutes les altérations dont il est susceptible ; mais du moins cette connaissance a com-

mencé à faire sortir la science du champ des hypo-
thèses plus ou moins plausibles où était resté jusqu'ici
l'humorisme médical.

La chimie organique semble donc appelée à ré-
pandre sur l'étiologie des maladies, non moins de
lumières que l'anatomie pathologique. En effet, d'une
part, les solides étant nourris et renouvelés par les
liquides, tout changement dans la composition de
ceux-ci doit modifier la vitalité des premiers; et,
en second lieu, on ne saurait douter que les fluides
animaux placés en conflit plus immédiat avec les
agents extérieurs, ne soient altérés d'une manière
primitive, plus souvent que les solides.

Les substances assimilables ou réfractaires, intro-
duites dans l'économie par les voies digestives, exer-
cent sans contredit une grande influence sur la proportion des éléments constitutifs du sang, outre leur
action dynamique sur les tissus; mais cette influence
n'est pas supérieure à celle qui résulte de l'inhalation
et de l'absorption des éléments gazeux qui composent
l'atmosphère ou s'y trouvent accidentellement mêlés;
donc, si la thérapeutique a employé avec succès certains corps solides ou liquides pour modifier, soit la
composition organique, soit la puissance vitale, l'induction seule nous conduit à penser qu'il est possible
d'utiliser d'une manière semblable, et dans le même
but, les propriétés chimiques et physiques du fluide
élastique qui entretient la vie des êtres animés, en
exaltant ces propriétés par la condensation des molé-

cules aériennes. Or, ce que l'analogie indiquait, l'expérience l'a confirmé ; elle a montré que l'on peut agir sur le sang plus rapidement encore par l'intermédiaire de la respiration que par celui de l'absorption intestinale, et que cette action est particulièrement efficace dans les maladies asthéniques, où le fluide nourricier, produit de l'hématose, a perdu de sa puissance plastique et de sa propriété stimulante. Ce dernier fait est d'une importance très-grande, parce que les affections de cette nature sont plus réfractaires aux ressources de la médecine que les maladies phlogistiques, dans lesquelles la soustraction du sang et sa dilution suffisent ordinairement pour abattre les symptômes de surexcitation. Ainsi, la science et l'art ont marché d'un pas égal dans la voie du progrès ; si la première a mis en évidence quelques-unes des altérations du sang qui avaient été soupçonnées par les pathologistes, le second a su puiser, dans le milieu même où nous sommes plongés et qui nous alimente incessamment, un moyen d'une puissance certaine pour rétablir les proportions altérées des divers principes de cette *chair coulante*, destinée à renouveler la trame de nos organes, et lui restituer ses propriétés dynamiques.

La médication *pneumatique* dont l'utilité fut déjà entrevue il y a un demi-siècle par quelques-uns des médecins les plus éminents de cette époque si remarquable dans les annales de la chimie par la découverte de la plupart des gaz, est entrée désormais dans la thérapeutique.

A mesure que ses applications, jusqu'ici restreintes entre les mains d'un petit nombre d'expérimentateurs, se multiplieront, on se convaincra que l'élément qui entretient le flambeau de la vie dans l'état physiologique peut aussi ranimer cette flamme vacillante et prête à s'éteindre, si on augmente sa puissance en augmentant sa densité.

9 782329 074610